JN057706

1件40円、
本日250件、
10年勤めて
クビになりました
メーター検針員
テゲテゲ
漫画日記
古泉智浩・漫画
川島徹・原作

まえがき

どこにでも、きつくてつらい仕事がある。
そして、そこで頑張っている人たちがいて、私たちの生活を支えてくれている。
三五館シンシャの「日記シリーズ」はそうした労働の現場を見せてくれ、そこにある問題を、そして悲哀を見せてくれるのではないだろうか。
書き手は、人生をかけてそれぞれに苦労した人たちである。その体験記であり、それだけに生々しく、強く訴えてくる。素人の「作家」たちによるものではあるが、時に下手な作家の作品などとうてい及ばない力を持っている。
私もそのひとりとして、この漫画の原作となった『メーター検針員テゲテゲ日記』を書かせてもらった。
超巨大企業「Q電」の下請け会社の、そのまた業務委託員。ただ命令に従い、ただ無力であり、ただ苦情や理不尽な叱責(しっせき)を受けなければならなかった。雨、風、暑さ、寒さに耐えて働いた。
同じように苦労している人、同じように報われない人たちがたくさんいると思う。私はそうした人たちに思いを馳せた。社会が少しでもそうした人たちに目を向けてくれることを願って原作を書いた。

たくさんの反響があった。読者の方から直接感想が寄せられ、また新聞やネット上にもいくつもの書評をいただいた。多くの方に、笑いの中にも検針員の仕事、労働現場の問題を知ってもらえたのではないだろうか。

今回、古泉智浩氏の手により漫画化されたことで、さらに多くの方にメーター検針員のことを知ってもらえるのではないだろうか。

本作はあくまで古泉氏の作品であり、必ずしも原作と同じではない。ただ、本を読む時間のない人たちも本作を通して、現場労働の苦労を垣間見ていただけると思う。そうした関心が世の中を変えるきっかけになることを願っている。

私は本を書くつもりで検針員の仕事をしたわけではなかった。たまたま検針員になり、たまたま多くの場面を目にしたにすぎない。しかし、書くことによって気持ちを整理し、出来事を客観的に見ることができた。その苦労は貴重な経験となり、生きていくための大切なもののひとつになったと思う。

２０２１年８月

川島 徹

1件40円、本日250件、10年勤めてクビになりました

——メーター検針員テゲテゲ漫画日記

CONTENTS

装幀◎原田恵都子（ハラダ＋ハラダ）
本文デザイン◎二神さやか
本文組版◎閏月社

1件40円、本日250件、
10年勤めてクビになりました
メーター検針員
テゲテゲ漫画日記
うわっ

ビー

ビーー
一件40円

今日は全部で332件
次で82件目だ
ビー

ジリ
ジリ
ジリ

引越し中か
第1話
きつ目の一日

検針でーす
おーい あの書類どこだ

なに？
あ…あのー

け…検針ですけど
電気メーターの

後で来てよ

いや…あの…
後で来てよ忙しいんだから

書類持って来いよ
ちょっとどいて
あ…
どん

あのー
み…見るだけですから

集中

後で来いって
言ってんだろー

2
9
6
4

2964
後で来いってのが分からんのかー

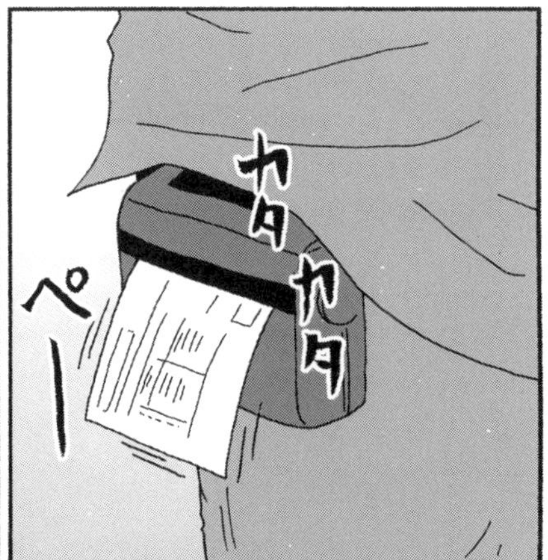
カタカタ
ペー

はい
お知らせ票です

え

それじゃどうも
キュルキュル
キュルキュル

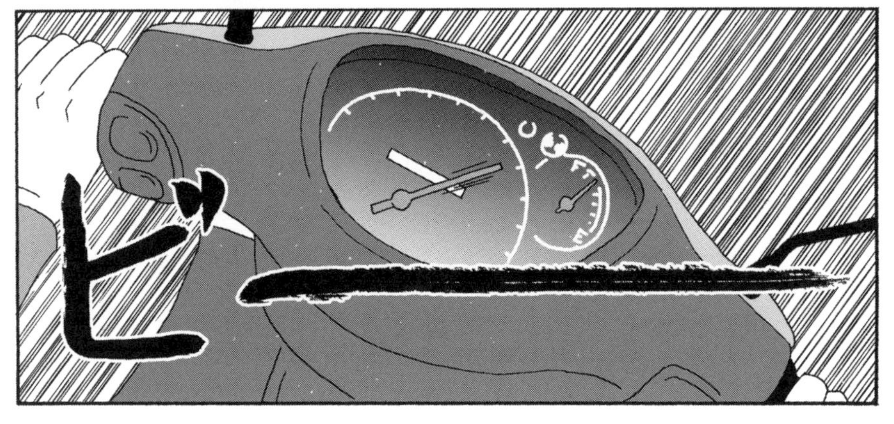
ビー

後で来いってのが分からんのかっ！
ビ────

同じ家に二回も来れるか
そんなのん気な仕事じゃねえ

くそっ
やっと82件
あっちいな
あと250件

検針でーす
ピッ
ピッ
こらっ
あんた
どっから
入って
来たの！
びくっ

先ほど挨拶はさせていただきました
ペこり

庭を通って来たんでしょ
だいが庭を通っていいって言ったの？

は？
は？じゃないわよ
これが置いてあるのが分からないの？
ここをあんたが通らないためよ

たっぷん

え……
庭木用に雨水をためてるのかと思った……

あんた
いつから
うちに
来てる？
もう一年近くに
なりますけど

じゃあずっと
庭を通って
いたのね
もう許せ
ないな
それにね
いつも気に
なってたん
だけど
……

あそこの
電気
メーター
どうして
あんな
とこに
付いてん
のよ
え
あ
お隣の
……

お隣のメーターですね
どうしてと言われましても……

あんたはあのメーターもうちの庭から見るんでしょ

最初からそのつもりであそこに
あの高さで取り付けたんでしょ
いや…

その…
それは

隣の人が依頼した電気業者が設置したもので……
Q電力が設置したものではないんですよ……

……

あの
メーター
見ても
かまいま
せんよね

いいとは
言わない
わよ
ピッ
ピッ

ペー

次は後ろから来てよね
後ろってどこですか？

ほらそこよ
道路からまっすぐ
近いから

ではこれ

お知らせ票です
集中

なによこれ！
ギーン

5168

高いじゃない！
猛暑ですからね
5168
5168

ビー
ビー
降ってきた
ポツ
ポツ
あんなにいい天気だったのに
なんであんな高いとこに
ごそ
ごそ
検査七つ道具その1
ぎゅっ
する
する
検査鏡

よっ
2…
じゃなくて5…
5…7…
ブル
ブル
3…2…か
…ってことでいいかな
いいよな
ピッピッ
ピッピッ
5732

暗くなってきた
ビーー
あと一件だ

あれだ

ピンポーン

……
しーーーん
留守かな

ごめん下さーい
検針でーす

開かないやつだな
ガチャ
ガチャ
乗り越えるわけにはいかないしな

がさ ごそ

検査七つ道具
その2
小型
双眼鏡

うう
レンズが
濡れる

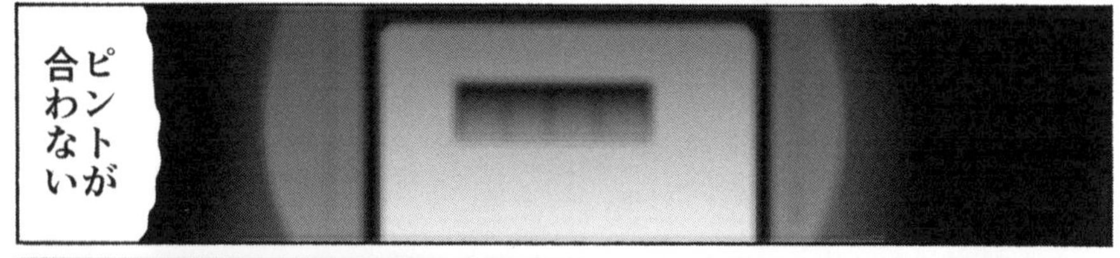
ピントが
合わない

ぐり
ぐり

ダメだ……
ぼやーん
暗すぎる……

検査七つ道具
その3
小型
ライト
ピカー
雨で
濡れてる
……
9…
7？
どっち
だよ……
8？
3？
えい
やっ
8217
ピッピッ
ピッピッ
終わり

今頃降りやんだ
ビー
えいやっでやってしまった
しかも二回
Q電力
誤検針があったらまずいなあ
お疲れ様です
雨で大変でしたね
いえ
ハンディはQ電力のホストコンピュータに
ごと

引き渡すと同時に
翌日分の検針データを入力してもらう
その後直接の雇用主
錦江サービス興業で報告書を提出する
錦江サービス興業
川島さん
遅かったですね
鹿島課長
どうも
雨が降ってきちゃったもんで
ずぶ濡れじゃないですか
いやまあ
誤検針あったらやばい……

他の人はちゃんとやってるじゃないですか
カン
あと6件やったら先はなかとですよ
カン
カン
カン

誤検針は10回やったらクビと言われている
雨でガラスが濡れていたなどと言っても通用しない
ぎゅっ
ま…最悪クビになるだけだ
なるようになれだな
カツ
カツ
カツ

それは
錦江サービス興業での面接の時
錦江 サービス興
鹿島課長はこう言った
いいですか川島さん
はい
あなたは一国一城の主です
つまり
社長さんです
はい？
業務委託というのはですね

会社は仕事をお願いするだけです

はあ

あとは全て自分の責任で仕事を行なっていただきます
一言で言えば検針員は個人事業主の社長さんです

稼ぎは社長さんの頑張り次第
頑張って下さい！
はい…

第2話
個人事業主

検針地区には
やりやすい地区
件数が稼げる
地区があり
その
反対に
ビーーー
やりにくい地区
件数が稼げない
地区がある
検針が
やりやすく
稼げる地区は
マンション、
アパート、
商業ビルの
密集した地区だ
大型マンションは
一棟で百世帯
くらい入っていて
電気メーターは
各戸入り口の
ドアの上か
計器収納
ボックスの
中にある
上の階から
下の階に
すたすた
歩いて
検針できて
雨も雪も
降らない

晴れた日には桜島の雄大さを間近に見ながら検針できる
手際よくやれば百件を130分で検針できて
ピッ
ピッ
ピッ
ピッ
ピッ
そこだけで4千円分の稼ぎになる
ただし
オートロックの普及で出入りの難しいマンションがある
しばらくお待ち下さい 管理人
わっ
まいったな
すぐ戻ればいいけど
先に他行った方がいいかな

ペタ
ペタ

チャンスだ

ささっ
あ

ちょっと ちょっと
許可とって おらんでしょ

かーっ
……はい
これは会社で禁止されている

まったくもう
ダメですよ
ぺったん
ぺったん
すみません
会社に電話だけはしないで……

管理人さん
早く戻ってくれー

電気の検針？
ごくろうさん
あ

はいはいはいはい
検針でーす
助かった

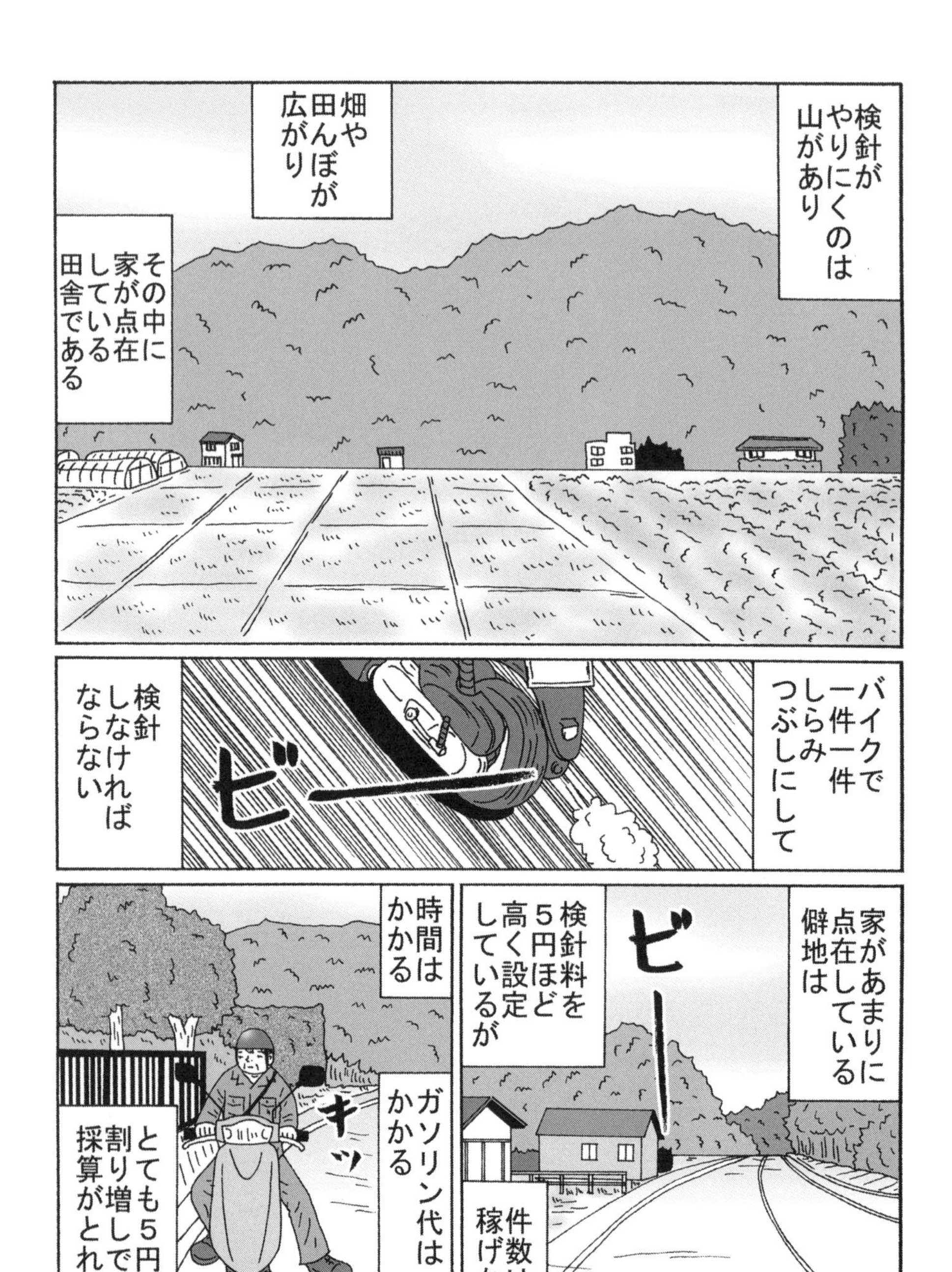
検針がやりにくのは山があり
畑や田んぼが広がり
その中に家が点在している田舎である
バイクで一件一件しらみつぶしにして
ビーー
検針しなければならない
家があまりに点在している僻地は
ビーー
検針料を5円ほど高く設定しているが
件数は稼げない
時間はかかる
ガソリン代はかかる
キッ
とても5円の割り増しでは採算がとれない

検針でーす
8109
ピッ
ピッ
ピッ
う——
ん？
……
わん

わんわん
わんわん
わんわん
わんわん
だだっ
うわーー
だだだだだだだだ
わんわんわんわんわんわんわん

びーーーん

わんわんわんわんわん
わんわんわんわんわん
……
ぴょんぴょん

ロープ10メートルもあるぞ
放し飼いかと思った……

ワンワンワン
なんて凶暴なんだ
あー怖い
犬に噛まれたことは一度や二度じゃない

ビー
検針でーす
あれ？メーター…
どこ？
第一保育園
うわっ
高い
どげんして検針すっとですか!?

あれじゃあ
2段の脚立に乗ってて
※2段の脚立はバイクで運べます。

検査鏡を使っても
はるかに届かない

しかも保護ケースに入ってるから
暗くて双眼鏡も使えない

まいったな
近くでライトで見るしかない

どうかしました？
あ
ここの人ですか

はい
園長ですけど

すみません
あの高さでは
検針できないので
低く設置し直すか
大きな脚立を用意していただけませんか？
そうですかそれなら
脚立を用意しますね
ニコ
ニコ
なんてもの柔らかい方だ……
じーん
少し前
下福元ではこんなことがあった
中古車販売
くるま
くるま
くる

なんだ
これ？

通れないぞ

あのー
すみません
あ？
横にある
ドラム缶
どけてもらえ
ませんか？

前の人は
そんなこと
言わ
なかったよ
ちゃんと
検針して
おったが！

あの時と
大違い……
あそこに
置いて
おきますね
翌月
おおっ
こんな
立派な
脚立
2万円
くらい
するぞ
ありがとう
園長先生
ひょい
ひょい
う……

高い……
カタ
カタ
ううう
カタ
カタ
カタ
カタ

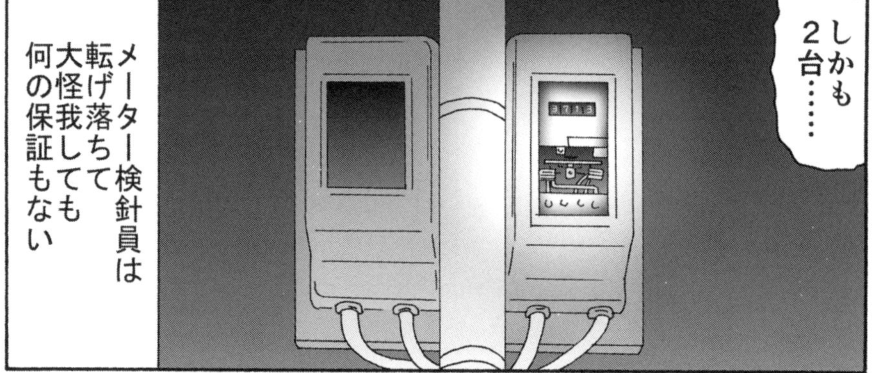
しかも
2台……
メーター検針員は
転げ落ちて
大怪我しても
何の保証もない

3・7・1・3

メーター検針員は
個人事業主
すなわち社長さんです

ピッ
ピッ
ピッ
ピッ

業務委託はすべて
自分の責任です

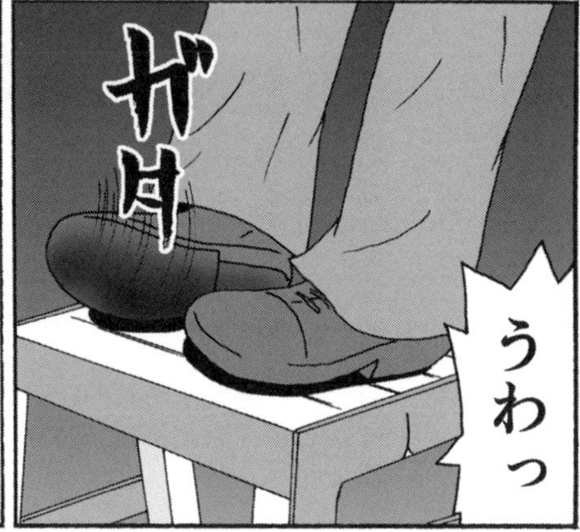
うわっ

おっとっとっとっとっとっ

稼ぎは社長さんのがんばり次第
がんばって下さい！
ぐら
うわっとっとっとっとっ
ぐら

冗談じゃねえ
ぐわっ
ガシッ

ぼと
あーー
怖かった
ふーー

むはっ
ブォン

一件40円
一日せいぜい
250件…一万
ガソリン代
電話代は
自腹

なにが
社長だ……
ビッ

検針でーす
お茶飲んで行かんや
もぞかど
孫はまこてかわいか
何人おるんですか？

二人を
5才と
7才…いや
もう17才と15才
じゃたけな
おいや
ほら
カボチャを
持って
きたど
おー
姉さん

こんした
だれな
はんが
ボーイ
フレンドな？
わっはっはっ
はっはっはっ
はっはっ
はっはっ
電気じゃ
らお

こん前も居いやったがな
じゃったけまこと良かにせじゃ

そんなこと言っても
電気代は負けんど

そらじゃった
はいタクワン

あーん

そいではんな
こげなとこでサボって
ボリボリ
良かじゃ？

たまいな
良かなあ
テゲテゲ
やらんと
なあ
こげな
婆さんたちと
面白なかどが
ボリ
ボリ
ボリ
……
……
奥さんな
元気にして
おいやっと？

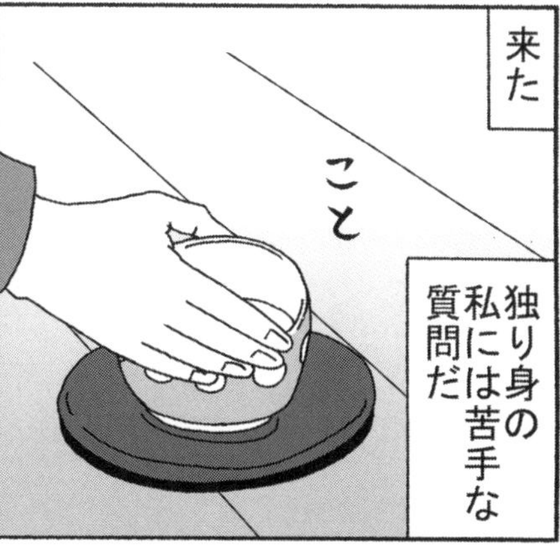

来た
こと
独り身の
私には苦手な
質問だ

元気して
おっど
適当に
答えた

子どもは
もう
大きか
じゃろ？
子どもは
居らん
ですよ

はら
さびし
かな
あんたは
鹿児島ん
人ね？

ないごて
ですか

話し方が
違わ
せんね
なんか上品な
話し方じゃな
なご東京に
おったからな

あっ
あそこ
え
わっ
ニョロ
どげんかして
くいやん
太か
だ……
大丈夫
じゃか

守り神じゃてな
殺さんでな
竹藪に追いやってな
私も蛇は苦手だが
……
二人に頼られていると思い虚勢を張った

ぐぐっ
えいっ
ぐいっ
ぽーーん
どさ

すー
寝ておった時でなくて良かった〜
ふう
魂がったた
魂がったり笑ったりして
二人とも若返ったがな
あはははははは
あはははははは
ありがとうな
どら
姉さんの家を検針せんなら
うちにも居ったら追っぱろうてな
良かですよ

第3話 独居老人
ビーーー

検針の仕事を始めてから驚いたことの一つが
独居老人の多さである
こんにちはー
前村さーん
起きてるー？
今日はおいでになる日だと思って
待っていたのよ
今朝はね早く起きてみかんの手入れをしていたのよ
今年はね当たり年でね
見て
枝が折れそうなのよ
ゆさ
ゆさ

この木は父がね
甲突川(こうつきがわ)の木市で買って来たのよ
普通のみかんと夏みかんが混じってるらしいの

だからほら
こんなに
大きいのよ
甘みと
すっぱみが
混じって
いてね
キラ
キラ
キラ
子どもの頃
父が褒美に
くれるのが
楽しみでね

いつも
聞いてる
話だ
前村さんは
初めて
話すかの
ように
小さな目を
くりくりさせ
ながら
話してくれる
お父さんは
まだ生きて
おられるの？

なに
言ってん
のよ
私が
この歳よ

とっくの
昔よ
だから初物は
お墓に供えて
あげるのよ
とても
喜んでくれ
そうでね

いいね
私が嫁に
行く時も
これ食べて
行けって
採って
くれた
のよ

私は水俣市の
材木問屋に
嫁いだのよ
じーっ
……

あ
先に仕事
済ましてしまい
なさいよ
……

気に
なるん
でしょう

安く
しといた
からね
そうか
前村さん
にも
びっ

キャピキャピの
ギャルの時が
あったんだね
あはは
ははは
初めから
おばあちゃん
じゃないわよ

伊集院町の
桑畑の
小池さんの
お宅は
凄まじかった
検針
でーす
こんな
所に人が
いるのか
…

だれ
ボソッ
びくっ
!!
けっけっ
検針です
でで電気
メーターの
人が
いる…

くわっ
くわっ
7272
ピッ
ピッ
ピッ
ピッ
7272
べー
……

伝票はこちらに置いておきまーす
ゴミ捨て場に屋根を被せたようだ
おっと
これが人生か……
5月のことだった

6月も暑かった
カーッ

小池さーん
検針でーす

し―――ん
……

近所では変人扱いされて
誰もかけないのかもしれない声を
ピッ
ピッ
ピッ
ピッ
小池さーん
ここに置いてくよー

ああ
ボソッ
生きてる……
寝てたのか
7月
小池さーん
伝票ここに置いてくよー
ありがと……
ボソッ
8月
ごそごそ
暑いねー
生きてるー？

生きてるよー

伝票ここに置いてくよー
……よかった

一度だけ小池さんと外で会ったことがある

汚れたボロを着て

手押し車を押していた
ガラ
ガラ
ガラ

私の顔を見ると
嬉しそうにあいさつをしてくれた

本日皆さんにお集まりいただいたのは
スマートメーター
スマートメーターについてであります
Q電力
堀課長
スマートメーターは
従来の電気メーターに代わって

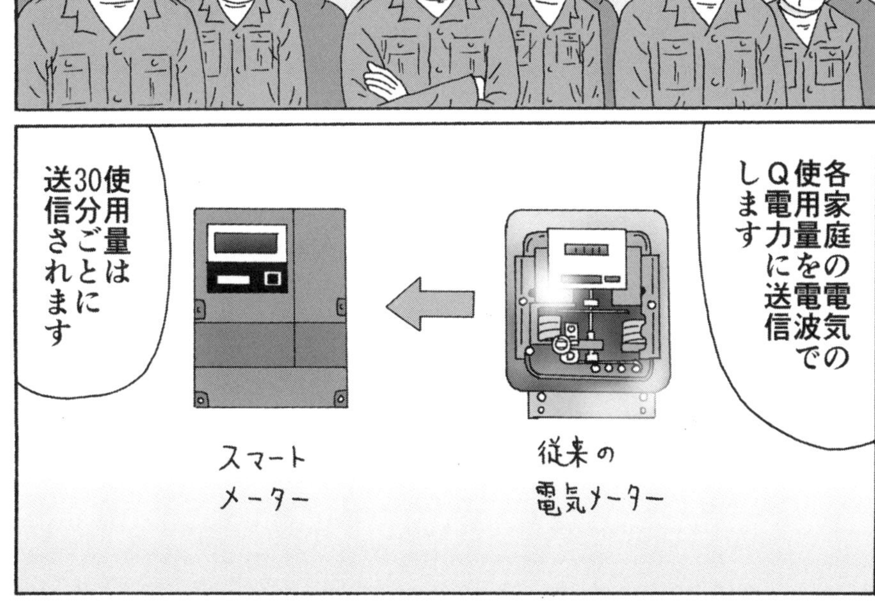
各家庭の電気の使用量を電波でQ電力に送信します
使用量は30分ごとに送信されます
従来の電気メーター
スマートメーター

Q電力はリアルタイムで
各家庭の電気の使用量を把握できるので
お客様の問い合わせにも適切な対応ができます
また
発電量のコントロールが適切に行なえます

そして検針の必要がなくなります
誤検針や犬や雪などの検針不能もありません

ざわ
ざわ
え
オレたちいらねーじゃん

もちろん来月からというわけではありません
10年くらいかけて徐々に切り替えていきます
スマー ーター

川島さん
次何やるの
高木さん
まだ先でしょう
それまでにクビになってますよ
Q電力が検針員募集しない理由が分かったよ
山野さん
オレは豚でも増やすかな
20頭くらい飼うかな
今は5~6頭だっけ
豚は儲かるの?
貿易の自由化でまずいんじゃないの

堀課長
スマートメーターのいいとこだけ言ってたよな
そうそう
30分おきに使用量を送信されるわけだから
ある意味生活を監視された状態でしょ
プライバシーの問題があるし
送信のための電磁波とか
サイバー攻撃の危険もある
…って新聞に書いてたよ

盗電もやりやすくなるな
何で？

検針員が毎月見に行かないからさ

なるほど
まあ
一長一短ね
検針の仕事が
なくなるのは
ある意味
いいことじゃ
ないの
また
どうして
ま
テゲテゲ
やらんとね
底辺
すぎる
これ以下は
ないと
思えば
なんでも
やれるん
じゃない
ははは
は

第4話
東京・鹿児島

東京のとある
外資系企業で
働いていた私が
サラリーマン
としての道を
踏み外したのは

物書きに
なりたいと
思っていた
からだ

高校の頃から
短編小説を書き

会社勤めの
合間にも少しずつ
書いていた

しかし
会社勤めを
しながら書く
ことは
私には
できな
かった

激務の合間に
訪れるひらめきに
このまま
人生を
終えるの
だろうかと
いつも
考えて
いた

そしてバブルが崩壊し
1991

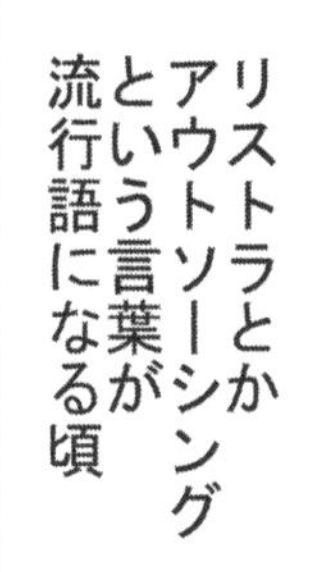
リストラとかアウトソーシングという言葉が流行語になる頃

会社で希望退職が募られた
希望退職者
募集
16階 人事部

うわ
ゴルフ会員権
希望退職者
募集
16階 人事部
メルセデスベンツ
新古車
劇的な動きをする外資での仕事は楽しかった

しかし次々にひらめいては消えていく
自分の考えを書きとめられない
する
する
表現する機会がないのはつらいものがあった

貯金はあるし
ドキ
退職金も割り増しだ
ドキ
ドキ
ドキ
ドキ
ドキ
なんとか生活できる
ドキ
ドキ
ドキ
ドキ
ドキ
退職願
ポチ
21
22
19
20
17
18
15
16
13
14
12
10
7
8
5
6

ドキ
ドキ
……
ドキ
おや
川島さん
上原さん
おや
16階ですか
ええ
まあ
はは……
ドックン
ドックン

チーン
どうも
ドキ
ドキ
……
ぐら
え
ぐわ
ひいいいい
わわわわわわ

16
チーン
はあ
はあ
人事部
すみません
あのこれ
あっ
カッ
退職届を人事部に提出した時
目の前が真っ白になった

もう満員電車に乗る必要はない
ぴょん
たくさん本を読もう
たくさん小説を書こう
ふわー
私は自由だ
畳の上にひっくり返って手足を伸ばしたのは
最初の一週間だった
その数ヶ月後一緒に暮らしていた女性を失った

渋川はずえは
会社が大型の
電話システムを
導入した時の
トレーナー
として
知り合った
東京の
大泉学園
育ちで

鹿児島の
山奥育ちの
私にはない
物事を
素早く
見て
素早く
反応する

機転のよさが
あった
彼女の都会的な
歯切れのよさに
惹かれた

私だって
さびしいん
だからね
だから時々は
会うことに
しようよ

そう言って
彼女は去って
行った

家賃は一気に
2倍になった
失業保険が
終わると
貯金の
残高が
目に見えて
減っていった
はずえの
家具の
なくなった
部屋が広い
目覚め
ても
ひとり
書き
疲れても
ひとり
ある文学賞に
応募する
ことを決心し
原稿用紙
250枚を書かな
ければならな
かった
さびしければ
さびしいほど
小説は
書き進める
ことができた

その文学賞では
3次選考で
落ちた
その後も
いくつかの
文学賞に
応募して
最終選考に
まで残った
ものもあるが
賞を獲るには
至らなかった
近所の目が
怖くなり
窓を
閉め切って
暮らすように
なった
ねえねえ
奥さん
……
いるはず
なのにね
この家の人
姿見ない
わね
どうしたの
かしら
……

鹿児島産
じゃがいも
1ヶ38円
とれたて野菜
7~8年
帰省して
いなかった
退職して
5年が
たっていた
ブルブル
鹿児島の
泥だ……
ポロ
ポロ
ポロ
学生の
時から
30年あまりを
過ごした
東京を
後にした

どさ
ビール下さい
500の方で
ブシッ
ごく
ごく

ガ――
ゴトン
ガタン
ゴトン
ガタン
ガタン
ゴトン
ガタン
ゴトン
ひいい
つかれた
お姉さーん
ただいまー―

姉はその頃
夫を亡くして
一人住まいに
なっていた
鹿児島市
西陵の
姉の家に
転がり
込んだ
おかえり……
夫を亡くした
ショックで
ノイローゼ気味に
なっていた姉は
昼間は
精神安定剤、
夜は睡眠薬を
服用し
体から薬が
抜けることが
なく
私の
人生って
……
ぐすん
ぐすん
一日中
ぼんやりと過ごし
泣き言ばかりを
言っていた

なにをしておんのね
なにか仕事をせんね
姉の家に住んで数ヶ月もすると
何の仕事もせず家にいる私に
……
いらだちを向けるようになっていた
家賃を払って生活費も半分払ってんのにな
365日 毎日安い
でも毎月12万ずつ
貯金が減るんだよな
半額
今更きちんとした就職なんて
ポリポリ
歳も歳だし
無理だよな……
どうしよ
ポテト

ハローワーク web
人間関係に煩わされなくて
時間が自由で
お金が稼げる仕事……

あるわけないか……
あっ

大体3時過ぎに終わるんですよ
月15日で25万くらいかな

あの人なんか言ってたぞ
なんだっけ

東京の文学教室で一緒だった……
電気メーター検針！
すっく
鹿児島にもあるはずだ

ハローワークには情報がないから
トゥルルルル
トゥルルルル
思い切ってQ電力に電話してみた

Q電力です
あの
メーター検針員の募集はされていますか？

メーター検針員は錦江サービス興業などに依頼しております
錦江サービス興業？

電話してみます
どうもありがとうございます
うろ
うろ
月に10日働き
最低限の生活費を稼ぎ

あとの20日は自分の時間にする
その時私は50歳だった
ビーーー

以降10年にも及ぶ電気メーター検針員生活は
ビーーー
こうして始まった

大型で勢力の強い台風21号は
東シナ海で北東に進路を変える予定です

やばいぞ…

前回の16号と18号の時は
仕事の日じゃなかったけど

今回は下福元と与次郎一丁目
検針に手間取る一戸建てばかり
291件をバイクで回らなければならない

ゴオーーー
バラ
バラ
バラ
バラ
!!
先ほど
鹿児島
市内では
……
ガタ
ガタ
ガタ
ガタ
ガタ

風速40メートルを記録しました
家の倒壊や電線の切断に十分注意をして下さい
これじゃ仕事は絶対無理だ
びゅ
ぶん
ぶん
ぶん
ぴたっ

ぽちゃん
えっ
サン
サン
なんだよ
これ―
サン
第5話
台風一過

下福元までは1時間
渋滞もない
ビー
10時には始められる
いつもより2時間遅れで済んだ
どろどろ
どろ
え
パラパラ
パラパラ
……

ゴオオオオオオオ
バチバチバチバチバチ

台風の目だったのか
バチ
バチ
バチ
バチ
いてえ

グァー

ぐわあああああ
!!

わああああああ
ぎゅん
ぎゅん
どうなってんだよー

このまま
じゃ死ぬ
ビー

ブワッ
わっ
バン
バン
バン

すみませーん
バタ
バタ
中に入れてもらいまーす
あ
ゴォオオオオオオオ
田んぼの上を
コロコロコロコロ
コロコロコロコロ
コロコロコロ
コロコロコロ
空気のかたまりが転がってる
コロコロコロ
コロ

14:05
すごい風だったわねー
ほんとよもー
ビーーー
ピッ
ピッ
ピッ
ピッ
ガタッ

ねえねえ
向うの家
はい？
屋根が飛んだそうよ
え屋根が？
嘘じゃないわよ
はい…
ここ空き家じゃなかったんだ

鹿児島は
こんなにも
物が
あふれて
いたのか

検針
でーす

はーい
ドタ
ドタ
ドタ

ちょっと
見て
下さい

屋根が
飛んだん
ですよ
ほら
え

うわっ
屋根がないっ

や…屋根はどこに？
さっき片付けてもらったんですけど

道路まで飛んだんです

け…け…
怪我人は？

みんな腰が抜けました

あわわわわわわわ
あのー
漏電はしていませんよね？

この動きなら
していないと思います
よかったー朝から気になっていたんですよー
くるくるくる

しまった
何の根拠もないのに
つい言ってしまった

怪我人がなくてよかったですね
ほんとに

漏電はテスターで検査するし
そもそも
答えられる立場にない

え
ビービービー

69kwhのマイナス
ビービービー
うわわわわわ

どうなってんだ……
とりあえず隣の分も済ませよう

また
使用量過大
ビービービー

今度は使用量過大か
なにこれ？
ビービービー

ビービービー
第6話
余計な苦労

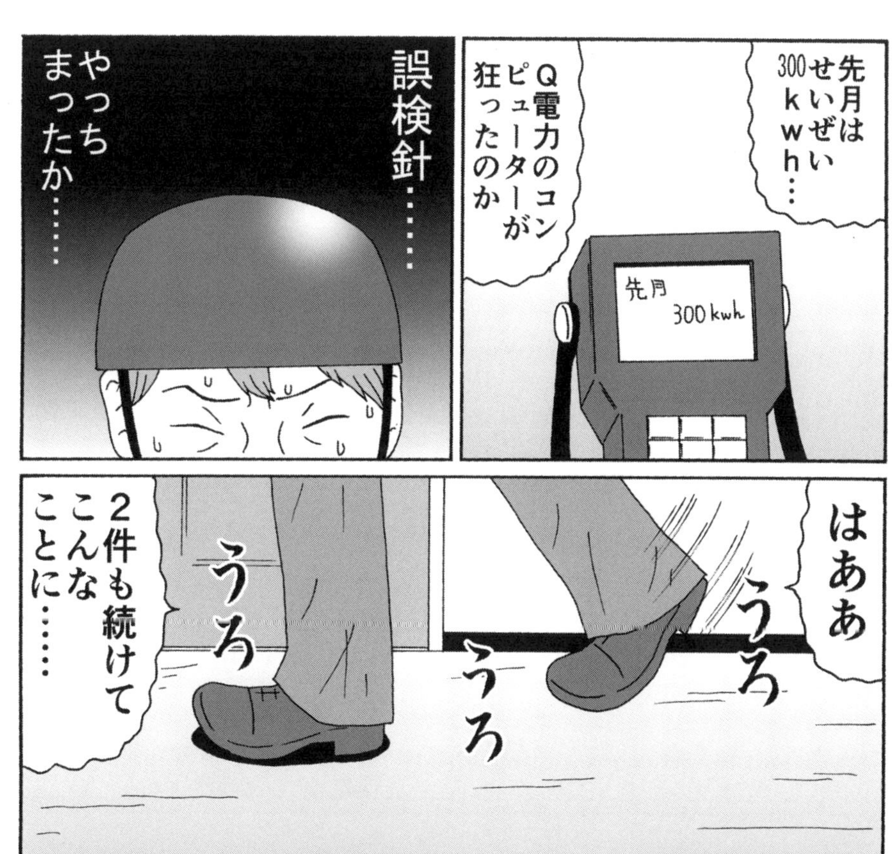
先月は
せいぜい
300kwh…
Q電力のコンピューターが狂ったのか
先月
300kwh
誤検針……
やっちまったか……
はぁぁ
うろ
うろ
うろ
2件も続けてこんなことに……

心配事から解放されるためには
最悪を覚悟せよ
はっ
デール・カーネギー先生！

今ここで
すー
はー
最悪って何だ？

すー
はー
検針員をクビになることか

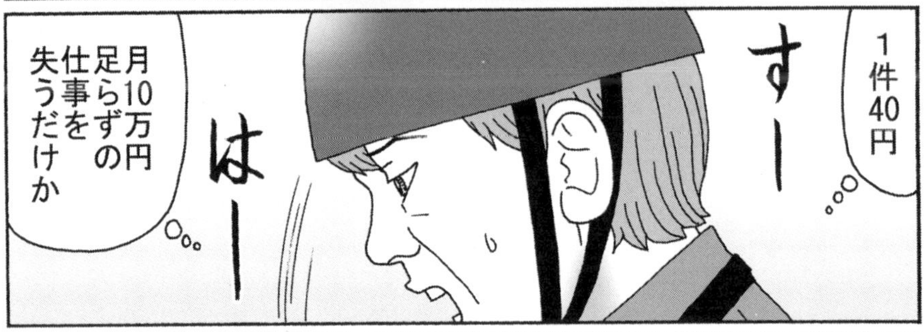
1件40円
すー
はー
月10万円足らずの仕事を失うだけか

なーんだ
あははははははは
ピッ
ピッ
Q電力

申し訳ありません
2件ほど誤検針をやってしまいました
どうしたの？
1件目マイナス使用量なんです
計器番号を言って
339292

カタカタカタカタ
吉野町の佐藤さん宅ね
ちょっと待ってカタカタカタカタ
指示数は？
3140です

これって再使用じゃないの
えっ

再使用！
お客様の申告違いね
再使用とは「廃止」の電気メーターの使用を再開することである
指示数をそのまま入力してくれる？
は…はい
へな
へな
は…はあ
最悪を覚悟して落ち着いていたつもりだったけど
よろ
よろ
やっぱり本当は緊張していたのか……
もう一件は？

あっ はいはい
えーっと 3131・93です
カタカタ 使用量 1203kwhか
確かに 多いね
使用量 過大か……
うーん これは
そんだけ 使ったんじゃ ないの
ええっ
そうだと 思うよ
指示数 そのまま 入力して
事故伝票が 出るので それで報告 してくれる？
そ…… それで いいんで すかん
いいって 言ってる でしょ

このお宅
時々使ってんのよ
はい……
分かりました

ピッ

へな
へな
はぁ
なんだよ……

電話代
600円はかかってるな……
15~16件分の
手数料だ
2日分の
弁当代だな……

まあ
誤検針じゃ
なかった

その翌日は休みだった
ピロリンピロリン
ん
ピロリン
ピロリン
うわっ
着信中
錦シエサービス興業
はい
もしもし島津ですけど
すぐ大明丘団地に行ってもらえますか？
よそのお知らせ票が入ってたって
苦情の電話があったんです
え
どちらの家のが間違ってたんですか？
そんなの現場で確認して下さい
早く行って対処してくれます？

山下さん……この住所は
オレの担当地域じゃないぞ
どう考えてもオレが間違って投函するわけがない
ブー
片道35キロ
ぐううう
仕事は月に10日間
創作活動には
世間の煩わしさから
解放される必要がある
20月の残りの日間は
そうした自分の時間にしようと思っていた
ブー

ポーン
はい
錦江サービス興業の者です
使用量のお知らせ
使用場所
ご使用期間
月分
検針10月11日
331kw
予定金額
これはうちのじゃありません
困ります
あ…これは
この先の坂上さんのお宅のものですね
申し訳ありません
これ
いつ入っていました?
今朝です
ここに入ってました

これを検針したのは先週の水曜日
11日なんだけど
ここに日にちがあります
入れたのは私じゃない……
じゃあ誰が入れたんですか
あなたが検針したんでしょ
あなたしかないじゃないですか
とにかくもう二度と入れないでください
ああ…はい

バタン

……

苦情の対応は
まず相手の
話を聞くこと
正しいか
間違って
いるか
ではなく
止まれ

まず相手の
怒っている
気持ちを
受けとめる

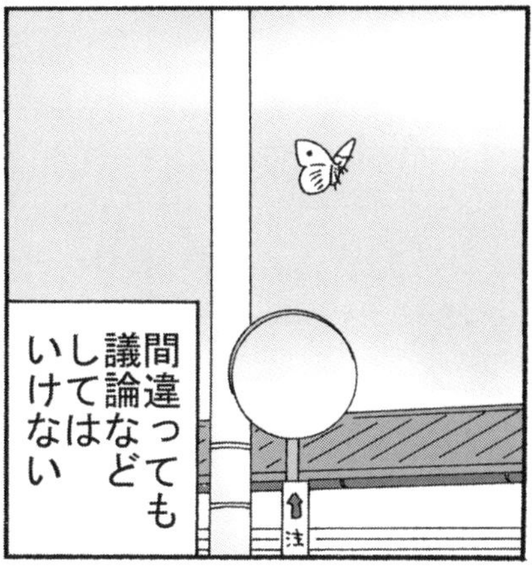
間違っても
議論など
しては
いけない

……と
検針員会議で
教えられた
あの時はさすがに
錦江サービス興業
だと思った

坂上さんのお宅
ワンワン
ワン
あ
フタが壊れてる
ぴゅうううううう
風で飛んだんだ

ぽと
ひら
ひら
そして今朝
通りかかった
誰かが
親切にも
山下さんの
郵便受けに
入れて
くれたんだ

こんなこと山下さんに説明しても仕方がない
坂上さんには伝えておこう
ピンポーン
留守か
郵便受けからお知らせ票が風で飛んだようです
錦江サービス興業川島……
ビリ
これでいいかな

もしもし島津さんですか
川島です
お知らせ票の件ですけど
はあ
そうでしたか
ごくろうさま
プツッ
え
ちょっと
なんかもうちょっとあるだろ
カッ
カッ
片道35キロだぞ
35キロ往復で70キロ

半年ほど前
下福元の路上にハガキが落ちていた
あそこの瀬戸さんのお宅か
私は泥に汚れたハガキを
瀬戸さんの郵便受けに入れた
いいことをしたと思った
しかし泥に汚れたそのハガキを
郵便配達の人が汚したと思うに違いない
瀬戸文雄様
鹿児島医療保険
株式会社
私は郵便配達の人に悪いことをしたのかもしれない
道端に落ちてましたとメモを添えるべきだった

開けてよかね
え？
はい

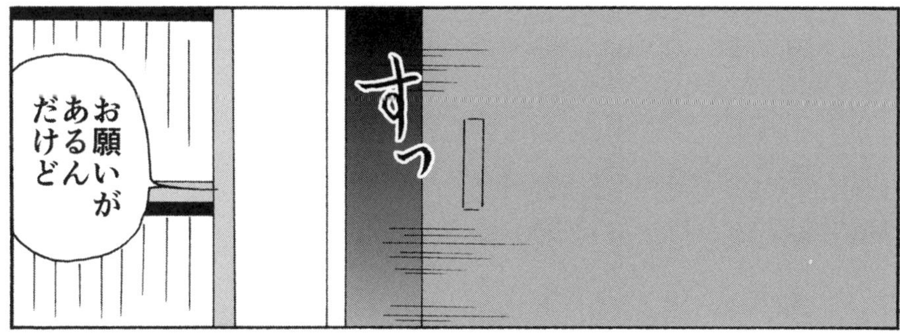
すっ
お願いがあるんだけど

ここを出て行ってくれんね
……

もうここらあたりの様子も分かったでしょう
あなたがいると私は気持ちが落ち着かんがよ
頼んだよ
……

お願いな
すっ

……
姉弟と言っても18歳も年が離れており

小さい時に
面倒を見て
もらった
記憶がある
だけで
対等に
話をした
ことは
なかった
1階にいる姉は
何をすることも
なく一日を
過ごしていた
姉は毎日
いつ切り出そうか
と思い悩んで
いたのだろう
それから
半年後
ぴょこ
ぴょこ
私は
伊集院町
猪鹿倉に
引っ越した
わっ
ヤマビル
だ
家賃3万円の
古い一軒家
畳の隙間から
風が入り
ははは
ははは

雨が降ると湿気がそのままあがってくるため
ザー
畳やベニヤの壁にカビが生えた
第７話
取りに来させろ

トレーニングの時
藤井さんが言った
このハンディ機はドイツ製で一台50万円します
壊したら弁償です
個人情報保護法がありますから
肌身離さず携帯して下さい
検針員泣かせのことは次々起こる
知覧の営業所で検針員のハンディが
川島さん
盗まれてしまった
来週からハンディの持ち帰りは禁止です
は？

検針日の朝
こちらで
渡します
ええ？
自宅
会社
現場
会社の近くに
住んでる人
なら
いいけど
僕の家は
30キロも
離れて
いるんで
すよ
家と会社を
行ったり来たり
しなきゃならない
じゃないですか
……
前の日に
ハンディを
開いて確認
することも
ありますよ
どうすりゃ
いいんですか
新規登録の
メーターが
あれば
前日に地図上で
住所を確認して
おかなければ
ならないのだ
住宅地図

朝6時に職員が出社して
事務所を開けますよ
はあ？
職員は残業代がつくんですよね
まあそうだけど
知覧でハンディが盗まれたんです
連帯責任です
鹿児島支社全体でやるんですよ
ぽん
……

連帯責任？
ビーー

連帯？
責任？

みなさんは自営業です
会社の社長さんです

事あるごとにそんなこと言っといて
何が連帯責任だ
高校生の部活じゃねえぞ

鹿島課長
川島さん
何か用ですか?
考えてみて下さい
私の家は伊集院町で会社まで30キロです

検針地区は吉野町や郡山町があるんですよ
その日は一日何キロ走ると思いますか
あのね川島さん

誰も君に
伊集院町に住んでくれとは頼んでませんよ
それじゃ
すた
すた
ハンディ持ち帰り禁止はその後2週間続いた

川島さん
知ってる？
なに？

今度
鹿島課長
異動に
なってさ
代わりに
松田課長が
来るんだってよ
あの
やり手の…

熊本支社の
組合結成を
つぶしたって
いう？
そう
そう

組合に関係した
検針員全員を
即座にクビにして
九州全域から
手の空いてた社員や
検針員を徴収して
問題なく業務を
行なったってよ

やばい
やつだな
組合なんて
絶対無理だ

誤検針の
多い人は
要注意よ
オレなんて
まっ先かも

松田課長が
赴任して
ひと月ほど
たった時の
ことだ

お先に
ズカ
ズカ

ズカ
ズカ
……

ジロ

松田さん……
ぐる
ぐる
ぐる
……

ぐぐぐぐぐ
……

ふん
ズカ
ズカ
ズカ
ズカ
……

うるさい
検針員が一人
いますよ
何を
言うか
分かり
ません

鹿島課長が
そんなことでも
言ったのか……
私は他にも度々
会社の痛いところを
突く発言をしていた

つるん
あっ
うわわわわ
ガッ

しまった
電源が入らない
カチ
カチ
一台50万
やっちまったか……
やばい
はい
申し訳ないハンディを壊してしまった
どうしたんですか？
落としてしまって
全然ダメですか？
画面がまっくら
今日の検針は伊集院町の寺脇なんだけど

すぐデータを入れて代りを持って行きましょうか
ありがたい
ぱあああ

30キロ以上あると思うから
途中で会えれば助かるよ

松元あたりまで行ったら電話します
それくらいなら来られますよね

申し訳ない
ありがとう

助かった
キュルルルルル
なんとか間に合うぞ

ん
ブオーン
ピロリロピロリロ

ぱかっ
錦江サービス 興業
着信中…
ピロリロ ピロリロ
会社？
はい もしもし
あの〜 やっぱり
会社に取りに来てもらえますか？
行けそうにないんです
え
自分で壊したんですよね
取りに来て下さい
データは入れて準備しておきますから
そんな……
………ザワザワ
……ザワザワ

…………ザワザワ…………
……取りに来させろそいでよか
……
9:30
ハンディくださーい
錦江サービス興業
11:30
検針でーす
17:30
お知らせ票でーす
おつかれさま
終わった
まっくらだぞ
ビー

取りに来させろ
そいでよか
ギイ

あの声は松田課長にちがいない
くそっ

予想した通り
ビ――
この数ヶ月後
私と松田課長のあいだの軋轢は
決定的なものとなる

この仕事も楽しいよ
雨の日とか暑い日はそりゃ大変よ
でもバイクで走っていればいいからね
……
田舎の人たちはよく話しかけてくれるしね
楽しいよ
でもさ
もっと割りのいい仕事あるだろ
東郷さんならガタイもいいんだしなあ
うん

オレには
検針しかできないから
ふたりの検針員が死んだ
最終話
最後の検針

ビーー

ビー
東郷さん

その東郷さんが入院した
しばらくして大学病院に転院した
大学病院
そしてその2ケ月後に亡くなった
58歳だった
いろいろあるけど
働かしてもらってるのよ
ありがたいことよ
仕事中他の検針員に会うと
うれしいよな

彼が亡くなったと聞いた時
反対車線から手を振ってくれた
あの顔を思い出した

私は手を振り返さなかった
交通量が多くて気が散ると危なかったからだ

まあこの仕事も
食うためには仕方ないからね
生ビ
高木さんは種ケ島生まれ
島では郵便配達をしていた
生ビ
検針員会議で発言をする方だったが
的確な質問で鬼の松田課長さえも信頼を寄せていた
そんな高木さんも病気になり
姿を見なくなった
高木さん自宅療養だってさ
ここですね
カン
カン
カン
カン

いらっしゃい
悪いね忙しいのに
お邪魔します
コタツ入って

妻と娘は留守なんだ
あのこれ
お見舞いと
それからリンゴ

リンゴはお腹にいいそうで
ジェーン・フォンダも一日一個食べてますよ
何個あるの？
5個
5個も食べれば治りますよ

それにほららしいですよ
霊芝がよか
伊佐市の洞窟で栽培していて
売れに売れてます
みんながいろいろ薦めてくれるけど
霊芝は高いからな
……
……
検針員には手が出らんでしょう
ははは
ははははは
ところで東郷さん
死にましたよ
え……
いつ？

入院
してた
のは
知っとった
でしょう
そんなに
悪かった
の？
コロリと
逝かれ
たって
安楽死
です
高木さんも
覚悟できとっと
でしょう
いまさら
ジタバタ
せんで
しょう
わははは
ははははは

ははは……
今から思うととても悪い冗談だった
あははは
早く復帰して下さいよ
いやもう
退職の手続きしたんだ
え
も……もう
検針はせんとですか?

支社長と
松田課長が
お見舞いに
来てくれてね
あいさつは
させて
もらったよ

お見舞い
たくさん
持って
きたとで
しょう
はは……

業務委託員に
失業保険はない
現在の生活費、
医療費は奥さんと
娘さんのパートに
かかっているの
だろうか

お見舞い
せめて
1万円に
しとけば
よかった
1万円
……250件分
ビー
僻地だと
バイクで一日
走り回っても
稼げない
などと
計算して
半日分の
5千円に
したのだ

お見舞いの3ヶ月後に電話した
もしもし川島です
お加減いかが……
調子が悪いんだ
薬を変えたもんだから
……
慣れるまで大変らしくてさ
申し訳なかったです
その後連絡しなくて気になっていて……
また電話してよ
今日は休ませてくれる？
はい
そして一週間後
彼は亡くなった
ぱた
53歳だった

紫原で建設中のマンションが私の地区に組み込まれた
ガー
ガリ
ガリ
カン
カン
本来そのマンションは通りを隔てて私の担当地区ではなかった
モデルルーム公開中
近所の住人は建設反対の運動をしていた
絶対反対
景観を乱すな
検針員にとってアパートやマンションは
件数がさばけるのでありがたい
ガリ
ガリ
カン
カン
ラッキーだ
オートロックか
うろ
うろ
どうやって入ればいいんだ

入館できないと
検針できないね
あ はい
しばらくはここに合鍵あるから
ありがとうございます
ペコ
本格的な入居はまだだから
どの部屋もほんの数kwhだな
おや?

ここは
200kwhもあるぞ
こらっ
あんた
びくっ
どうやって入ったんだ
えっ

合鍵を使って入りました
えっと……
だら
だら
なんて言ったら工事の人に迷惑をかけてしまう
だら
だら

先ほど人が出入りしたので
その時に……

この時入り口の鍵はポケットの中にあった

Q電は許可なしに入館させるのか

すみません
もう二度と
いたしません
ので
ペコ
ペコ
ペコ
ペコ
本当に
申し訳
ございません
ふん
バン
おつかれ
さまでーす
ギロリ
川島さん

寿マンションのオーナーさん
カンカンだよ
え

お宅
許可なしに入館したの？

誰がそんなことしていいって言った？
申し訳ありません

今度やったら承知しないよ
次から管理会社で鍵を借りるように

のっし
のっし

川島さんどうしたの？
クビ？

バレたか
わはははははは

叱られっぱなしよ
オートロックのマンション
検針員泣かせね
どんどん増えるよ

鍵を管理会社に毎回借りに行けってさ
地区外なんでしょ
変更届け出したら

え
あそっか

地区外の電気メーターは「地区変更届け」を出すと適切な地区に組み直してくれる
地区変更届い
記入が面倒なのと検針件数が減るので
みんなはあまり出さないが
Q電力は地区をきちんと管理するため出すように指導していた
私は二十数件分の変更届けを出した
なによあれは
お宅やる気があるの？
地区外だから当然だと思いますけど
お宅
どうしようもないね

3月

業務委託の契約更新が始まった
失礼します
ガチャ

まあかけて下さい

毎日ごくろうさまです
暑かったり寒かったりたいへんですね
……

川島さん
もう10年も
やっているん
ですね
……
はい
昨年の
誤検針は
4件
突然の
休みが
過去一回
3日間
まあこれは
急な
めまいの
時ですね
はい
そんな記録を
ひっぱり出して
きたことに
驚いた
例年なら
「ハンコは持って
来ましたね。
2枚とも押して
下さい」で
契約更新には
5分も
かからない

今年で60歳
体力がきついんですよねん
はあ

川島さんのためにも今回は契約の更新はしないつもりですが
了承してもらえますか

……
ギロ

……

わかりました
それでは今までありがとうございました
あ……
川島さんならすぐ次の仕事見つかりますよ

こうして
65歳の定年
まであと
5年を残し
10年に及ぶ私の
電気メーター
検針員としての
仕事は終わった

あとがき

漫画版の製作にあたり、当初はドキュメンタリー要素を活かした2時間サスペンスドラマのようなものにしたら面白い作品になるのではないかと構想してみました。
しかし、改めて原作本を読み返してみると、あまりに豊かな内容で変な味付けをすると、原作の面白さを描き切れないと思い直しました。
原作本の中から特に検針員の仕事ぶりで絵にして面白いところ、主人公の人柄や心情あふれるところを中心にピックアップして構成しました。
原作付きの漫画を描くのは初めてのことで、原作の芯の部分を外さないよう、ふだん描いているもの以上に絵を丁寧にするよう心がけました。かといって、自分の心が反映されない作品にしてはならず、映画監督になったような気持ちでした。
チャールズ・ブコウスキーの『ポスト・オフィス』（坂口緑訳、幻冬舎アウトロー文庫）という小説が大好きです。詩人で小説家のチャールズ・ブコウスキーが、郵便局で働いていた〝食えない時代〟を回想する自伝小説です。
『メーター検針員テゲテゲ日記』を初めて読んだとき、この作品に似たテイストを感じました。

川島さんも小説家を目指しながら電気メーター検針に従事していました。『ポスト・オフィス』に、嵐で町が洪水になっている中、主人公が郵便配達をする場面がありま
す。食うために嫌々やっている仕事なのに、なぜこんなときに懸命に配達しているのだと疑念にかられながら、しかしそれでも使命を投げ出さず水をかき分けて配達を続け、配達先で受取人に驚かれます。いったん引き受けた以上、困難があっても投げ出さないのは意地なのかなんなのか、とにかくやりとげようとする姿勢に美しさを感じます。『メーター検針員テゲテゲ日記』の中でも台風の直撃中に検針をする場面があり、同様の美しさを感じて、このエピソードを真っ先に漫画にしたいと思いました。絵的には猛烈にたいへんでした。

本来なら、本書の舞台・鹿児島に取材旅行をして空気を体験したかったのですが、コロナ禍において県外への渡航は歓迎されません。もっぱらグーグルストリートビューでの取材となりました。どこもかしこも山に囲まれている地域で、僕が住んでいる新潟とは大違いです。新潟で山は、地平線の彼方にうっすらと見えるものです。ずっと鹿児島を気にして生活していたら天気予報でチェックする癖がつきました。なんの役にも立ちませんが、本作を描くとき、気持ちだけは鹿児島にいました。

古泉智浩

２０２１年８月

古泉智浩◉こいずみ・ともひろ
1969年新潟県生まれ。漫画家。24歳のときにちばてつや大賞を受賞し、デビュー。『青春☆金属バット』『チェリーボーイズ』など映画化された作品も多数。現在は、地元新潟県にて漫画執筆を行なっている。2021年より、ペンネーム「吉泉知彦」で活動中。

川島徹◉かわしま・とおる
1950年鹿児島県生まれ。大学卒業後、外資系企業に就職。40代半ばで退職し、50歳のとき鹿児島に帰郷。メーター検針員になり、その体験をつづった『メーター検針員テゲテゲ日記』を発表。その後介護職を経て、現在は施設管理の仕事に従事。

1件40円、本日250件、10年勤めてクビになりました

二〇二一年　九月二二日　初版発行

著　者　古泉智浩（漫画）
　　　　川島徹（原作）
発行者　中野長武
発行所　株式会社三五館シンシャ
　　　　〒101-0052
　　　　東京都千代田区神田小川町2-8　進盛ビル5F
　　　　電話　03-6674-8710
　　　　http://www.sangokan.com/
発　売　フォレスト出版株式会社
　　　　〒162-0824
　　　　東京都新宿区揚場町2-18　白宝ビル5F
　　　　電話　03-5229-5750
　　　　https://www.forestpub.co.jp/
印刷・製本　中央精版印刷株式会社

©Tomohiro Koizumi, Toru Kawashima, 2021 Printed in Japan
ISBN978-4-86680-919-9
*本書の内容に関するお問い合わせは発行元の三五館シンシャへお願いいたします。
定価はカバーに表示してあります。
乱丁・落丁本は小社負担にてお取り替えいたします。

メーター検針員テゲテゲ日記

1件40円、本日250件、10年勤めてクビになりました

元メーター検針員
川島 徹 著

各界より絶賛！

著者はなぜ外資系企業年収850万円を捨てメーター検針1件40円の世界に入っていったのか。人間の原型のような人が見、聞き、体験した日々のさまざまな哀歓。ひとつ間違えば、著者はわたしだったかもしれない。
──勢古浩爾（評論家、エッセイスト）

ページをめくるばち、この職業が、そして「人間」がくっきりと浮かび上がってくる。これはメーター検針員というひとつの職業の物語だが、すべての職業に通ずる物語でもある。
──ジョイマン・髙木晋哉（お笑い芸人）

定価：1430円（税込）

全国の書店、ネット書店にて大好評発売中
（書店にない場合はブックサービス☎0120-29-9625まで）

全国の書店、ネット書店にて大好評発売中
（書店にない場合はブックサービス☎0120-29-9625まで）

全国の書店、ネット書店にて大好評発売中
（書店にない場合はブックサービス☎0120-29-9625まで）

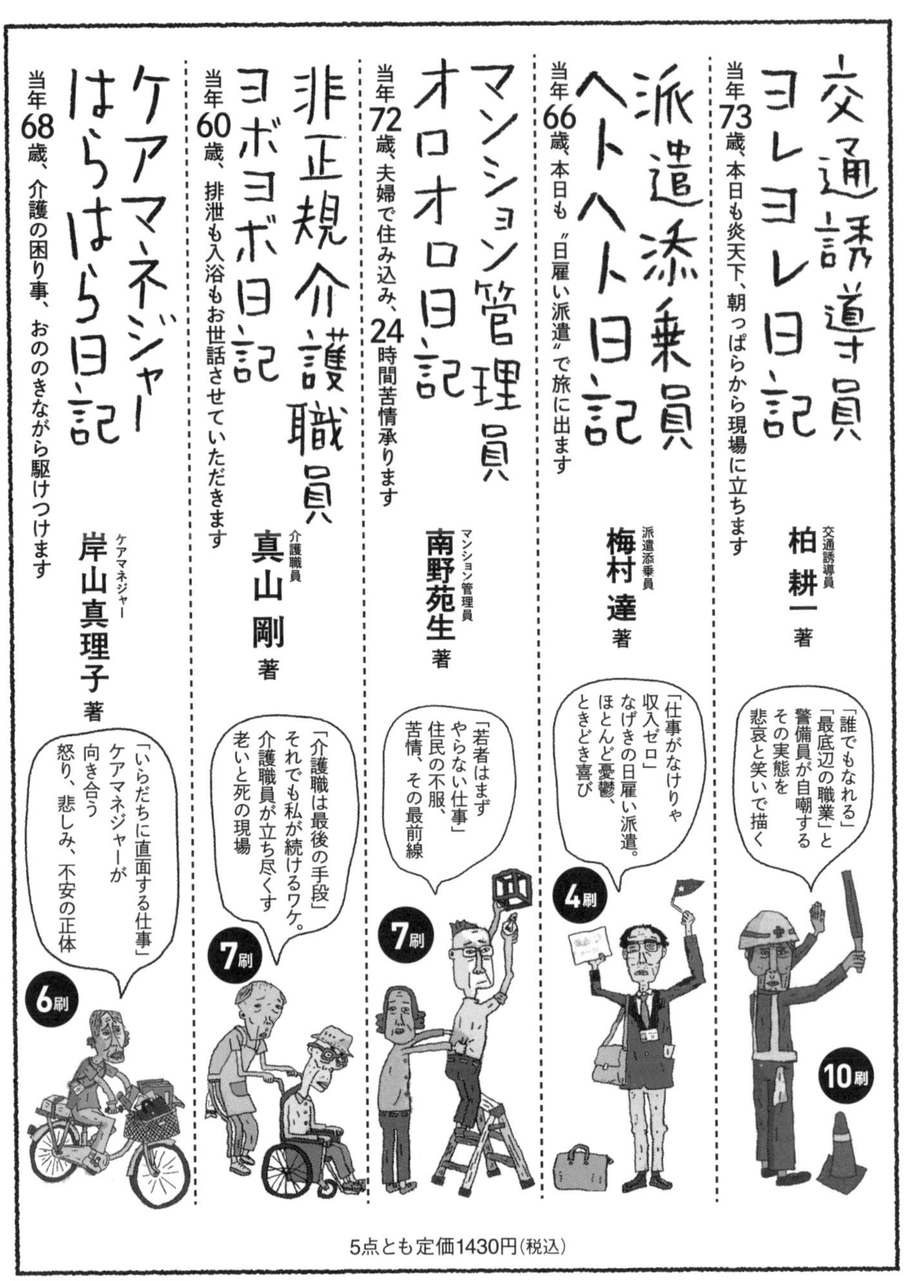

全国の書店、ネット書店にて大好評発売中

（書店にない場合はブックサービス℡0120-29-9625まで）